LA FORTUNE

DU PAYSAN

PAR

L'ÉLEVAGE DES ABEILLES

DANS LES RUCHES A CADRES MOBILES

SUIVI DE

CONSEILS SUR LA CULTURE DES ABEILLES EN PANIERS

Par l'Abbé DAVID

Curé de Villabon (Cher)

PRIX : 50 CENTIMES

SE VEND :

CHEZ L'AUTEUR, A VILLABON (CHER)

BOURGES, IMP. TARDY-PIGELET

LA FORTUNE DU PAYSAN

PAR L'ÉLEVAGE DES ABEILLES

LA FORTUNE

DU PAYSAN

PAR

L'ÉLEVAGE DES ABEILLES

DANS LES RUCHES A CADRES MOBILES

SUIVI DE

CONSEILS SUR LA CULTURE DES ABEILLES EN PANIERS

Par l'Abbé DAVID

Curé de Villabon (Cher)

PRIX : 50 CENTIMES

SE VEND :

CHEZ L'AUTEUR, A VILLABON (CHER)

BOURGES, IMP. TARDY-PIGELET

AUX AGRICULTEURS

Pourquoi négligez-vous votre rucher? Pourquoi le laissez-vous abandonné à lui-même, perdu au milieu des herbes qui gênent la circulation des abeilles en même temps qu'elles entretiennent à l'intérieur du panier une humidité nuisible à la santé de la colonie? Vous n'avez pas soin de vos abeilles, comment voulez-vous qu'elles rapportent un profit à son propriétaire? Il en est de cet insecte laborieux comme des animaux domestiques de vos étables, qui vous produisent, suivant les soins plus où moins intelligents et persévérants que vous leur donnez.

Un fermier qui ne saurait point conduire son domaine en retirerait naturellement un produit bien inférieur à celui qui connaîtrait à fond la culture des terres et le soin des troupeaux.

Appliquez ce principe à l'abeille et sachez dès maintenant que vous en retirerez un bénéfice plus ou moins grand, suivant que vous connaîtrez mieux ses mœurs, et que vous aurez pour elles plus de sollicitude. Une bête de bonne race paie toujours largement à son maître les peines qu'il prend pour elle.

Et l'abeille ne fait pas exception à cette règle. Je ne crains pas d'affirmer que le laboureur qui voudrait s'adonner sérieusement à l'apiculture en tirerait, sans nuire à la culture et de ses terres et de ses étables, un produit rémunérateur qui l'aiderait sensiblement à supporter les charges qui pèsent sur lui.

Combien de milliers de livres de miel se perdent dans les fleurs artificielles qui couvrent ses champs! C'est par dix, quinze et vingt hectares que se comptent le sainfoin (la reine des fleurs mellifères), la luzerne, le trèfle, etc.

Le laboureur récolte les tiges comme fourrage et la graine comme semence. Mais pourquoi ne pas chercher à recueillir le miel que la fleur renferme? Pourquoi le laisser perdre quand on peut se l'approprier? Et la graine produite par la plante sera elle-même plus abondante.

Car c'est un fait acquis que la plante fréquentée par les mouches produit beaucoup plus de graines que celle qui en a été privée. Cette étude a été faite par des savants de mérite et elle a été des plus concluantes. Qu'il nous suffise de citer ici Darwin qui en a fait l'expérience sur le pied d'alouette des blés : Il a trouvé un poids de 170 grammes de graines produit par un certain nombre de fleurs, emprisonnées sous un filet, pour que les abeilles ne puissent les fréquenter; tandis que le même nombre de fleurs que les abeilles purent visiter en toute liberté, en donnèrent 350 grammes, c'est à-dire le double.

(*Autre expérience.*) — Vingt têtes de trèfle blanc poussant en liberté et fréquentées par les abeilles donnèrent 2,290 graines, tandis que sur vingt autres têtes placées dans les mêmes conditions mais privées par un filet de la visite des mouches, six seulement produisirent de la graine, 14 demeurèrent stériles.

Perte de miel, perte de graines, voilà la conséquence de la négligence avec laquelle vous traitez vos abeilles. Vous vous privez ainsi de ressources précieuses, car si les abeilles de vos voisins en butinant sur vos fleurs vous procurent encore l'abondance de la graine, ils auront pour eux le miel que vous auriez au moins pu demander à partager.

Laboureurs, ouvriers de la campagne, cultivez l'abeille auprès de vos magnifiques champs d'artificiels et bientôt le poids des mauvaises années vous sera moins pénible à supporter.

Quelques résultats obtenus par la culture des abeilles, suivant les méthodes modernes, seront de nature à vous encourager dans cette voie.

Un agriculteur qui ne possède, dans une petite commune, pas un pouce de terrain autre qu'une boisselée de jardin où il installe quelques ruches, cultivées d'après les dernières méthodes les plus rationnelles, fait, bon an mal an, de 40 à 80 livres de miel par ruche. — Admettons une moyenne de 60 livres. Avec 30 ruches, il obtient un total de 1,800 livres : et c'est presque un minimum; tel autre, en effet, dans les mêmes conditions arrive à une moyenne de 80 et 100 livres. C'est, avec le même nombre de ruches, 2,400 à 3,000 livres de miel.

Dans une belle propriété, aux environs de Bourges, où l'on cultive 16 ruches à cadres mobiles on a fait *en première récolte*, cette année même (1888) 525 kilogrammes de miel surfin. Ajoutez à ce chiffre celui de la seconde récolte qui donne généralement plus des deux tiers de la première, et vous aurez un chiffre convenable de 800 kilog. à l'année, ou 50 kilog. par ruche.

Apprenez donc à cultiver l'abeille. Donnezlui vos soins, elle travaillera pour vous ; elle ira récolter le miel que vos fleurs distillent, et vous aurez la satisfaction de ne pas voir se perdre une partie de votre bien, faute de savoir. C'est pour vous instruire, c'est pour vous aider à traverser plus à l'aise les années désastreuses qui se succèdent, que nous avons essayé de rédiger ces quelques conseils sur la culture des abeilles.

Nous ne discuterons pas, nous n'expliquerons même pas nos préférences, nous voulons seulement ici donner quelques bons avis pour la direction pratique d'un rucher. C'est tout ce qui est nécessaire pour le but que nous nous proposons : aider au développement de l'apiculture en invitant les petites gens de la campagne à profiter des richesses que Dieu met à leur portée et qu'il suffira de faire amasser.

CHAPITRE Ier

Les Abeilles. — Les Ruches.

TROIS SORTES D'ABEILLES DANS UNE COLONIE

1. — Il y a dans une ruche en bon état, au printemps et en été, trois sortes d'abeilles : une mère ou reine, des ouvrières, et des mâles en plus petit nombre.

2. — *La mère* est une abeille femelle qui a atteint son développement complet et qui, en conséquence, pourra être fécondée par le mâle. Elle est le produit d'un œuf femelle et est élevée par les ouvrières dans une cellule très allongée où elle se développe à son aise, ce qui fait qu'elle est plus longue que les autres. Son unique fonction dans la ruche paraît être de pondre des œufs.

3. — *Les ouvrières* sont des femelles aussi, mais incomplètes; elles ne peuvent être fécondées et si elles pondent, ce n'est que par accident, c'est-à-dire lorsque la ruche est orpheline; mais leurs œufs ne donnent naissance qu'à des mâles.

4. — *Les mâles* ou *bourdons* sont plus gros et plus longs que les ouvrières; ils n'ont pas d'aiguillon. Ils mènent une vie oisive et se nourrissent du miel que récoltent les ouvrières. Ils ne sortent que par un beau temps, de dix heures du matin à quatre heures du soir environ, et ne servent qu'à la fécondation des jeunes reines. Quand la récolte cesse, les ouvrières s'empressent de les mettre à mort.

Tout le soin que nécessite la ruche, retombe donc sur les ouvrières. Quand elles sont jeunes, elles demeurent au logis, occupées à soigner le couvain et à fabriquer les rayons de cire. Quinze jours environ après leur naissance, elles commencent à sortir pour butiner, vont récolter le miel, le pollen et la propolis, en un mot tout ce dont elles ont besoin à l'intérieur de la ruche.

5. — *Le pollen* est une substance farineuse qu'elles amassent sur le pistil des fleurs ; elles le pétrissent en le mélangeant avec un peu de miel et l'apportent roulé en boule à leurs pattes de derrière. Elles en font une grande consommation pour la nourriture du couvain.

6. — *La propolis* est une substance résineuse avec laquelle elles attachent leurs rayons, bouchent les fentes de la ruche qui donneraient lieu à une perte de chaleur ou à un courant d'air.

7. — *Cellules.* — Outre la cellule royale, qui est généralement bâtie sur la tranche du rayon et dans laquelle sont élevées les mères, il y a dans une ruche deux sortes de cellules : les cellules d'ouvrières et les cellules de mâles. Ces dernières sont plus grandes que les autres et se distinguent facilement à première vue. Les unes et les autres sont destinées indistinctement à recevoir la récolte ou les œufs de la mère.

LES RUCHES

On peut cultiver les abeilles dans des ruches à rayons fixes ou à rayons mobiles. De là la dénomination de système fixiste et système mobiliste.

8. — *Ruches à rayons fixes.* — La ruche à rayons fixes est la plus employée aujourd'hui. C'est celle que

l'on emploie communément dans nos campagnes ; elle est construite en petits bois d'osier ou en paille tressée.

Les unes sont d'une seule pièce ; les autres se composent de deux ou plusieurs pièces placées les unes sur les autres.

Parmi ces dernières on distingue surtout la ruche à calotte et la ruche à hausses ; ce sont les plus parfaites des ruches à rayons fixes, parce qu'elles permettent la récolte facile du miel que les abeilles logent toujours dans la partie supérieure de leur habitation. Avec le panier en petit bois ou en paille d'une seule pièce on ne peut prendre aux abeilles que le trop plein, ce qui se trouve dans les rayons du bas et sur les côtés de la ruche.

9. — *Ruches à rayons mobiles.* — Mais les plus parfaites de toutes sont les ruches à cadres mobiles, ainsi appelées parce que les rayons sont construits dans de petits cadres en bois qui glissent sur des rainures et s'enlèvent à volonté, ce qui permet de les visiter dans le plus petit détail. Nous verrons plus loin ses avantages sur la ruche à rayons fixes.

La ruche à rayons mobiles est unique dans son principe mais multiple dans son application. Chaque apiculteur en modifie les détails à son gré. Les uns préfèrent la ruche plus haute que large ; d'autres, la ruche à cadres plus larges que hauts.

La plus répandue dans nos contrées est la ruche Berrichonne, type allemand Burki-Jeker modifié. On y trouve aussi quelques Layens ; la Dadant est rare. Nous devons signaler aussi la ruche Sagot ; mais malgré les récompenses dont certains comices l'ont gratifiée, elle présente tant de défauts, que nous ne la conseillerons jamais.

La ruche Berrichonne, la plus cultivée en Berry, (on en compte maintenant près de 300 dans le département du Cher) mesure 0 m. 40 c. de hauteur, 0 m. 30 c. de largeur et 0 m. 70 c. à 0 m. 80 c. de longueur. Son plateau est fixe mais son plafond est mobile, c'est-à-dire qu'il s'enlève selon les besoins. Au centre il est percé d'un trou fermé par un bouchon. Cette ouverture est destinée à recevoir le nourrisseur lorsqu'on veut donner à manger à la colonie. Les parois intérieures sont en bois mince d'un centimètre, sur lequel on tasse en dehors trois ou quatre centimètres de paille pour mettre les abeilles à l'abri des chaleurs de l'été et du froid de l'hiver et les préserver contre les brusques changements de la température. Elle compte dix-huit ou vingt cadres. A chacune des extrémités s'ouvre une porte qui laisse voir, par la planche de partition vitrée, l'état de la colonie.

Ses cadres sont de 0 m. 28 c. 1/2 de largeur et de 0 m. 36 c. 1/2 de hauteur, hors œuvre.

La ruche Dadant est à plateau et plafond mobiles, et tout en bois fort. Son cadre hors œuvre mesure 0 m. 30 c. de hauteur et 0 m. 47 c. 1/2 de largeur, et dans œuvre 0 m. 27 c. de hauteur, 0 m. 46 c. de largeur; elle n'a que onze cadres.

La ruche Layens, la plus grande de toutes, a des cadres de 0 m. 33 c. de large et de 0 m. 41 de haut, hors œuvre; et 0 m. 31 de large sur 0 m. 37 c. de haut dans œuvre. Elle est beaucoup plus compliquée que les deux autres et contient généralement vingt cadres. Son plateau est mobile.

Quelle que soit la grandeur du cadre, il faut toujours lui ménager dans la ruche un espace suffisant pour circuler. L'intérieur d'une ruche doit avoir en largeur un centimètre et demi de plus que le cadre, de façon que chacun des montants soit à 0 m. 007 m. de la paroi. Il est suspendu en haut de préférence par des pointes enfoncées dans la traverse supérieure, quelquefois par une seconde traverse superposée ou encore par le prolongement de la traverse supérieure elle-même. Mais nous ne conseillerons jamais ce dernier mode de suspension à cause de ses inconvénients.

10. — *Choix d'une ruche.* — Si vous voulez obtenir le maximum de récolte possible, laissez-là la culture des paniers et fabriquez-vous une ruche à cadres mobiles, ou, ce qui vaut mieux pour commencer, achetez chez un fabricant une ruche complète, sur le modèle de laquelle vous pourrez en construire d'autres vous-même, si vous connaissez tant soit peu le maniement des outils et le travail du bois. Mais gardez-vous au début de chercher à la modifier, car neuf fois et demi sur dix vous auriez à vous en repentir. Il ne faut jamais dédaigner l'expérience de ses devanciers ; il ne faut pas non plus espérer être un maître avant d'avoir été apprenti. Sans mépriser aucune des ruches à cadres mobiles qui sont cultivées de côtés et d'autres, nous préférons pour notre part la ruche que nous avons surnommée *Berrichonne.* C'est celle que nous cultivons depuis tantôt sept ans et qui nous a donné de très bons résultats.

11. — *Installation de la colonie dans la ruche.* — Votre ruche faite à l'avance, pendant l'hiver, au moment où les mauvais temps de la saison vous retiennent

au foyer sans ouvrage, vous attendez si vous le voulez que vos paniers vous donnent un essaim, à la fin de mai, ou au commencement de juin, et vous le recevrez et le ferez entrer dans la ruche de la manière que nous allons indiquer pour introduire un essaim. Cependant nous ne conseillons pas d'attendre cette époque. Nous voulons que dès la première année vous ayez la satisfaction de faire une récolte qui paiera votre installation et vous donnera en outre un bénéfice.

Pour cela, par un *beau jour de soleil* d'avril, du dix au quinze, si le temps le permet, prenez dans votre rucher ou, si vous n'en avez pas, achetez à un de vos voisins un fort panier d'abeilles qui soit pesant et qui contienne une nombreuse population. Emportez-le au soleil à 10 ou 20 mètres des autres ruches, et mettez à la place qu'il occupait un panier vide, destiné à recevoir les abeilles qui vont revenir des champs, de peur que ne trouvant plus leur demeure, elles ne cherchent à pénétrer dans le panier voisin où elles trouveraient infailliblement la mort. Or, ménagez vos ouvrières : à cette époque de l'année une abeille est plus précieuse que dix en été.

12. — *Comment on chasse les abeilles du panier pour les faire entrer dans la ruche.* — C'est très simple. Il vous faut un autre panier vide et un ou deux bâtons de 0 m. 50 c. de longueur.

Prenez le panier plein d'abeilles, culbutez-le la tête en bas et placez maintenant dessus votre panier vide, l'ouverture sur l'ouverture du plein. Pendant qu'un aide soutient ces deux paniers superposés, frappez avec vos bâtons celui qui contient les abeilles, en commençant par en bas.

Entendez-vous comme vos abeilles, effrayées par ce tapotement, bourdonnent ?

C'est bon signe ! frappez toujours : pas trop fort cependant, pour ne pas briser votre panier.

Les abeilles montent doucement. La reine suit le gros de son armée et escalade à son tour le panier vide.

Il faut de 10 à 20 minutes pour mener à bonne fin cette opération. De temps à autre regardez ce qui se passe au dedans en soulevant le panier de dessus, et quand vous constatez que vos abeilles ont quitté leur demeure et s'y tiennent en grappe les unes après les autres, enlevez-le et posez-le à terre en attendant que vous ayez vidé celui qui ne contient plus que des rayons de cire. S'il y restait encore quelques abeilles ne vous en inquiétez pas ; faites-les tomber avec un plumeau près du panier où sont les autres : celles-ci par leur bourdonnement joyeux, les inviteront à les rejoindre dans le nouveau logement.

13. — *Comment on enlève les rayons du panier.* — Emportez dans une chambre chauffée le panier dont vous avez chassé les abeillles.

Il vous faut : 1° un long couteau à tailler les ruches.

2° Une pelotte de ficelle (n'employez pas de la ficelle trop petite, les abeilles pourraient la couper avant d'avoir soudé les rayons aux cadres).

3° Cinq ou six cadres pris dans la ruche.

Et maintenant, arrachez un à un du panier tous les rayons de cire ; vous les détacherez du fond aussi creux que vous pourrez, afin d'avoir des gâteaux aussi grands que possible. Puis, coupez-les de la dimension des cadres, et installez-les dedans dans la même position qu'ils étaient dans le panier, c'est-à-dire la tête en haut.

Aussitôt qu'ils y sont placés, entourez-les de ficelle, de façon à ce qu'ils ne puissent pencher ni à droite, ni à gauche.

Vous trouverez rarement dans le panier de quoi remplir plus de six cadres, souvent vous n'en trouverez que quatre.

Quand ils sont prêts, vous les placez au centre de la ruche, dont vous avez enlevé tous les autres cadres vides ; vous approchez les portes vitrées de chaque côté contre les derniers cadres, et vous fermez.

14. — *Comment on installe les abeilles dans leur nouvelle habitation.* — Portez la ruche ainsi garnie de ses cadres pleins, au dehors, près du panier qui contient l'essaim obtenu par la chasse. Ouvrez une porte, et arrachez la porte vitrée. Étendez un linge (un tablier par exemple) auprès de la ruche, de manière que celle-ci repose sur le bord du tablier. Prenez par le sommet le panier qui contient l'essaim, et frappez-le vigoureusement sur le linge pour y faire tomber les abeilles d'un seul coup.

Bien, les voilà tombées !

Soulevez vite le coin du linge afin de pousser le groupe de ces petites bêtes dans leur ruche par la porte ouverte. Projetez un peu de fumée avec l'enfumoir, pour activer leur marche en avant, et attendez quelques minutes.

Quand vos abeilles sont toutes entrées, remettez la porte vitrée, puis la porte extérieure, et posez cette ruche ainsi garnie à la place qu'occupait le panier que vous avez vidé.

Et c'est fait !

Vous en êtes quitte pour quelques piqûres peut-être?

La cause en est dans votre inexpérience ; quand vous serez habile, vos abeilles ne vous piqueront plus. D'ailleurs consolez vous, une piqûre au début, c'est le métier qui rentre.

Autant de fois que vous aurez une installation à faire, autant de fois vous opérerez ainsi.

Et maintenant que vous n'ayez qu'une ruche ou que vous en ayez 10 ou 100, la méthode de culture à suivre sera toujours la même.

CHAPITRE II

Travaux du printemps.

Principe. — Il faut pour obtenir de bons résultats qu'au commencement de la grande miellée les ruches soient très fortes en population. Souvenez-vous que la victoire restera aux gros bataillons.

Plus vous avez d'ouvrières dans un établissement, plus vous avez de production. Si, en effet, au moment de la récolte, votre ruche est peuplée de 80,000 abeilles, il est incontestable qu'elle donnera une récolte supérieure à celle qui n'aurait qu'une population de 40,000. — Bien plus, c'est un fait certain qu'une ruche de 80,000 abeilles donnera non pas deux fois, mais quatre fois plus de produit que deux ruches de 40,000. Une ruche de 60,000 abeilles donne, non pas trois fois, mais neuf fois plus qu'une ruche de 20,000. C'est un fait d'expérience que vous pourrez vous-même constater.

15. — *Comment on obtient une forte population.* — Ce principe étant admis, il faut, pour y arriver, forcer la mère à multiplier sa ponte et exciter le travail des abeilles. Pour cela il faut nourrir. Il y a deux sortes de nourriture : la nourriture d'approvisionnement et la nourriture spéculative.

1° *Nourriture d'approvisionnement.* — Si votre ruche manque de provision au printemps, ou si à l'automne vous constatez qu'elle n'a pas assez amassé pour passer l'hiver et arriver à la miellée, sans danger de famine, vous devez nourrir. — Faites un sirop de sucre que vous obtenez, en faisant fondre sur le feu 3 kilogrammes de sucre par litre d'eau, et vous le donnerez ensuite aux abeilles au moyen du nourrisseur.

Il faut environ 15 kilos de provisions aux fortes ruches pour suffire à leur entretien pendant l'hiver et à l'élevage du couvain au printemps, jusqu'au moment où les fleurs pourront alimenter la colonie. — Un de nos cadres plein pèse environ six ou sept livres de miel. — A vous d'apprécier par à peu près, suivant cette donnée, la quantité de provision que contient la ruche et d'après cet aperçu vous donnerez plus ou moins de nourriture. Ne craignez pas d'être généreux. L'abeille est un insecte économe et sobre qui ne dépense jamais plus qu'il ne lui est nécessaire. Si vous lui donnez plus qu'elle n'a besoin, elle mettra le superflu en magasin, et vous le retrouverez transformé en miel au moment de la récolte.

2° *Nourriture spéculative*. — La nourriture ne doit plus être aussi fournie de sucre, s'il s'agit seulement de forcer la ponte de la mère. — Ce n'est plus que de l'eau sucrée, que l'on prépare en faisant fondre au feu 500 grammes de sucre par litre d'eau.

Malgré les provisions abondantes que contient la ruche, l'apiculteur fera bien d'administrer cette nourriture à ses abeilles tous les soirs, en commençant six semaines environ avant la grande miellée qui a lieu, dans les contrées à prairies artificielles, vers la fin de mai.

Il faut faire cette distribution le soir, à la tombée de la nuit, parce qu'en nourrissant pendant le jour, vous coureriez grand risque de faire piller votre ruche par les colonies voisines.

On la donne au moyen du nourrisseur, que l'on place sur la ruche dans le trou qui est ménagé tout exprès dans le plafond. On le retire le lendemain, au milieu du jour, à moins que le sirop n'ait pas été absorbé entièrement, auquel cas vous le laisseriez, pour attendre que la provision ait été enlevée par les abeilles. Un verre de ce sirop tous les jours suffit pour le but à atteindre.

On pourrait, pour simplifier et s'éviter de l'ouvrage, ne nourrir que tous les deux ou trois jours; mais alors on augmenterait proportionnellement la dose de sirop.

La mère, excitée par cette nourriture échauffante que ses filles lui administrent, augmente sa ponte. Quand, à quelques semaines de là, vous constaterez par l'examen de la ruche que votre population a augmenté, vous ajouterez aux extrémités quelques cadres garnis de cire, et vous en agirez ainsi chaque fois que les abeilles couvriront les cadres placés près de la porte vitrée.

Jusqu'au moment de la grande miellée, n'ajoutez que deux ou trois cadres à la fois, parce que vous devez toujours craindre le refroidissement de la ruche par le retour subit du mauvais temps; ce qui arrive trop souvent à cette époque de l'année.

16. — *Ruche orpheline.* — *Ruche faible.* — Si, à cette époque de l'année, une de vos ruches n'a pas de mère, ce que vous constatez par l'absence du couvain et d'œufs,

il faut la réunir avec sa voisine. Vous feriez de même si elle était trop faible ; si, par exemple, à la fin de mai, vos abeilles n'occupaient encore que quatre ou cinq cadres de la ruche.

N'oubliez pas qu'une seule ruche rapporte deux fois plus que deux autres, qui auraient ensemble le même chiffre de population que la première.

CHAPITRE III

La grande miellée et l'essaimage.

La grande miellée arrivée, c'est l'époque de la floraison des sainfoins, il faut savoir ce que vous voulez obtenir.

Si vous voulez augmenter votre ruche sans faire aucune dépense, vous laisserez l'essaimage se produire, ou vous le provoquerez artificiellement.

17. — *Essaimage artificiel.* — N'attendez pas que votre ruche essaime d'elle-même, parce que vous pourriez être déçu dans votre espérance, mais faites vos essaims vous-mêmes; c'est ce que l'on appelle l'essaimage artificiel.

Il vous faut pour cela deux ruches fortes en population, et une ruche vide que vous voulez peupler.

Voici comment vous opérez :

A l'une des deux ruches pleines, prenez quatre cadres de couvain et sa reine, que vous mettez dans la ruche vide. Enlevez de sa place la ruche essaimée et portez-la à la place de la seconde ruche, forte comme elle, et cette dernière, mettez-la à n'importe quel endroit du rucher.

A la place de la ruche essaimée, mettez la nouvelle ruche qui contient les cadres de couvain et la reine; ajoutez quelques cadres de rayons aux extrémités et votre essaim est fait. Vous n'aurez plus à vous en occuper, si ce n'est que vous devrez veiller sur elle comme sur le reste du rucher.

Il ne faut pratiquer ces opérations que sur des ruches très fortes et par un beau temps vers le milieu de la journée.

Quant à nous, nous trouvons avantage à empêcher l'essaimage, en agrandissant les ruches par des greniers à miel adaptés à la ruche. Nous croyons qu'il y a bénéfice à ne pas démembrer son armée, et à se procurer, à prix d'argent, au printemps, les colonies nécessaires pour remplacer celles qui sont mortes, et celles que l'on a dû réunir à d'autres à cause de leur faiblesse.

18. — *Grenier à miel.* — Le grenier à miel est une caisse en bois fort, de la dimension de la ruche, munie de cadres ayant 0 m. 21 c. de haut sur 0 m. 27 c. de large dans œuvre. Au moment de la grande miellée, nous plaçons le grenier garni de cire sur la ruche, à laquelle nous avons enlevé son plafond mobile, de sorte que la ruche et le grenier ne font plus qu'un seul corps d'habitation en deux pièces et deux rangées de cadres superposés.

Les abeilles montent au grenier y déposer le miel qu'elles apportent, pendant que la mère, en bas, continue sa ponte sans être gênée par l'apport du miel. Si la récolte était abondante, il faudrait veiller à enlever quelques rayons de miel pour les passer à l'extracteur.

De cette façon, l'abeille mère aura toujours de la place pour pondre, l'ouvrière, des cellules vides pour emmagasiner sa récolte et personne ne songera à déménager.

Les abeilles, en règle générale, essaiment parce que la place leur manque pour l'élevage du couvain ou l'emmagasinage du miel.

Nous n'indiquons pas ici la manière de recueillir un essaim qui est sorti naturellement. Chacun connaît par expérience la manière d'opérer.

Nous ne saurions affirmer si le bruit que l'on fait en frappant sur des instruments sonores, lors du départ de l'essaim, a quelque influence sur les abeilles. Mais nous sommes d'avis qu'un apiculteur ne doit pas négliger ce moyen, au moins pour faire acte de propriétaire, et ainsi avoir le droit de le réclamer partout où il ira se reposer. L'essaim est à vous si vous le poursuivez; mais si vous l'abandonnez, il est à celui qui le trouve et s'en empare.

19. — *Comment on évite la production des mâles.* — Il faut empêcher, autant que possible, la naissance des mâles, et pour cela, il faut veiller à ne pas laisser dans la ruche des rayons à cellules de mâles. Mais on ne parvient facilement et rapidement à ce résultat que par l'emploi des feuilles de cire gaufrée, collées dans les cadres vides. Ce sont des plaques de cire mince, sur les deux côtés desquelles se trouvent imprimés des fonds de cellules d'ouvrières.

Les abeilles achèvent l'ouvrage dans les dimensions qui leur sont tracées sur la feuille, et ainsi, ne produisent que des rayons à cellules d'ouvrières.

On trouve, à l'emploi de cette cire, un très grand avantage.

CHAPITRE IV

Récolte. — Hivernage.

20. — *Quand faut-il faire la récolte?* — Avec la ruche à cadres mobiles, on peut faire deux ou trois récoltes dans le cours de l'été et de l'automne, suivant l'importance de la miellée.

Tout dépend de la flore de la contrée qu'on habite.

Dans les pays à prairies artificielles, on fait la première récolte aussitôt après la floraison du premier sainfoin. Quand le fermier ou propriétaire le fait abattre, l'apiculteur ouvre ses ruches et commence sa récolte.

21. — *Manière de faire la récolte.* — Ayez auprès de la ruche que vous voulez récolter, une caisse pouvant recevoir les cadres que vous arracherez. Par un beau temps, armé de votre enfumoir, soulevez le plafond de la ruche, projetez un peu de fumée sur les cadres, pour chasser les abeilles et les maîtriser. Écartez d'un côté la porte vitrée, ou même enlevez-la si elle vous gêne. Arrachez ce premier cadre, il est plein de miel, secouez-le au-dessus de la ruche pour faire tomber les abeilles qui y adhèrent, brossez celles qui y tiennent encore, pendant qu'un aide fait fonctionner l'enfumoir, et vous préserve des piqûres. Ce cadre, débarrassé d'abeilles, placez-le dans la caisse, et recouvrez-la aussitôt avec un linge, de peur des pillardes; agissez de même pour les autres cadres des extrémités, qui contiennent du miel, ne touchez pas à ceux où vous voyez du couvain, c'est-

à-dire de petites abeilles prêtes à naître, ou en voie de développement.

Quand vous avez enlevé de votre ruche tous les cadres de miel vous les portéz à l'atelier dans une chambre pour les passer à l'extracteur.

22. — *Comment on obtient le miel sans briser la cire.* — Il vous faut un extracteur. Cet instrument est composé d'une cuve dans laquelle tourne, au moyen de poulies ou d'engrenages, une caisse à deux, quatre ou six pans, entourée de toile métallique, et contenant les cadres de miel préalablement désoperculés. Le miel alors, projeté en dehors des cellules par un rapide mouvement giratoire qui lui est imprimé, tombe dans la cuve, et s'écoule par un robinet, dans le vase destiné à le recevoir.

Voici comment on procède :

Enlevez sur toute la surface du rayon, avec un couteau bien tranchant, la petite croûte de cire qui renferme le miel dans les cellules ; puis placez le cadre dans l'extracteur, la tête en bas, appuyé contre la toile métallique. Vous pouvez tourner la machine, mais lentement en commençant. Quand un côté du rayon est déchargé d'une partie de son miel, arrêtez la machine, et changez le cadre de face, pour vider l'autre côté. En un mot, vous devez tourner de façon à faire sortir le miel des cellules, en évitant de briser le rayon ; ce qui arriverait si l'on imprimait un mouvement trop rapide à l'extracteur.

La pratique vous indiquera mieux comment il faut faire, que tout ce que nous pourrions vous dire ici. Les rayons ainsi vidés sont aussitôt rendus à la ruche à laquelle on les a pris, et c'est là l'immense avantage de ce système de culture : les abeilles n'ont pas besoin de construire de nouveaux rayons pour les besoins de l'élevage et de la récolte, et c'est ce qui explique aussi comment on peut faire deux ou trois récoltes par an.

23. — *Comment on prépare les abeilles à passer l'hiver.* — Quand vous aurez fait votre dernière récolte (à la fin de septembre), vous rendrez les cadres aux abeilles pour qu'elles les lèchent et reprennent le miel dont les cellules sont encore humectées.

Vous pouvez à volonté les enlever de nouveau pour les emmagasiner chez vous, dans quelque meuble à l'abri des teignes et de l'humidité, ou les laisser dans la ruche elle-même. Si à la fin de l'hiver, quelques rayons sont moisis, vous n'aurez qu'à enlever, lors de votre première visite, les parties détériorées.

Si vous préférez enlever les cadres et restreindre l'espace occupé par les abeilles, — ce que nous croyons plus avantageux, — vous laisserez seulement huit ou dix cadres, suivant la force de votre population ; vous rapprocherez les deux portes vitrées contre les derniers cadres, et vous remplirez l'espace laissé vide de chaque côté avec du petit foin, ou toute autre matière qui s'empile facilement, afin de préserver les abeilles du froid. Évitez surtout de laisser des courants d'air.

24. — *Comment on conserve le miel.* — Ne mettez jamais le miel à la cave, parce qu'il s'y imprègne rapidement de l'humidité qui l'environne et, délayé, il fermente. Nous avons vu, même chez des épiciers qui, par profession, devraient savoir conserver leur marchandise, du miel fermenté, parce qu'on le tenait à la cave. N'est-ce pas le cas de dire qu'il y a plus d'acheteurs

que de connaisseurs? Un miel pur, bien conservé, au lieu de devenir liquide, durcit comme la pierre, au point de forcer l'instrument avec lequel on veut l'extraire.

Mettez votre miel, bien bouché, dans un endroit *frais* et *sec:* il se conservera *indéfiniment.*

25. — *Comment on fait la cire.* — Il y a différentes méthodes de fondre la cire, mais nous conseillons au petit apiculteur de s'en tenir, pour le moment, à la vieille méthode qui consiste à la faire fondre dans un four chaud, après que le pain en a été retiré.

26. — *Vin de miel ou hydromel.* — Avant de mettre vos débris de cire au four, pour les fondre, jetez-les dans une terrine, avec de l'eau en proportion convenable, et laissez dissoudre pendant 24 heures le miel dont les débris sont imprégnés. Le lendemain, passez le tout au tamis. Vous obtenez ainsi de l'eau sucrée que vous mettez en lieu chaud, dans un vase ou fût quelconque où elle commencera bientôt à fermenter, pour se transformer en hydromel ou vin de miel, comme le jus du raisin fermente dans la cuve pour devenir du vin.

Les peuples du Nord, qui n'ont ni vin, ni cidre, boivent beaucoup d'hydromel. C'est une boisson très hygiénique qui n'est pas à dédaigner, quand elle est bien préparée. Plus il y aura de sucre, plus elle sera riche en alcool. Il suffit de 300 grammes de miel par litre d'eau, pour obtenir un hydromel de 8 a 9 degrés. Un miel qui commencerait à fermenter peut être utilisé de cette façon.

27. — *Eau-de-vie de miel.* — L'eau-de-vie de miel se fait avec de l'hydromel. Quand votre eau miellée est devenue vin de miel par la fermentation, vous pouvez

brûler à l'alambic et vous obtenez, si la distillation est bien faite, une eau-de-vie de miel qui rivalise avec le vrai cognac.

28. — *Vinaigre de miel.* — Si vous abandonnez votre hydromel à lui-même, il s'opérera des fermentations secondaires qui le feront aigrir. Vous obtenez alors un vinaigre parfait, digne de figurer sur la table la plus distinguée.

CHAPITRE V

Conseils à ceux qui continuent à cultiver les abeilles en panier.

29. — *Avantages de la ruche à cadres.* — Nous vous avons déjà dit que l'abeille, même en panier, demande des soins. Ce genre de culture donne un produit tout à fait inférieur à la ruche à cadres, tant en qualité qu'en quantité. Aussi nous vous répétons que vous devriez transformer votre rucher et mettre toutes vos colonies dans de bonnes ruches à cadres mobiles : vous augmenteriez ainsi sensiblement votre revenu. La ruche à cadres mobiles, dont nous venons de nous occuper, est de beaucoup supérieure à toute ruche à rayons fixes : 1° Par la conservation de la cire, elle facilite le travail de l'abeille, économise le temps et diminue la dépense. Certains apiculteurs prétendent que les abeilles consomment plus de dix livres de miel pour faire une livre de cire ;

2° Elle permet de supprimer tous les mâles ou à peu près.

3° Elle permet d'agrandir ou de rétrécir l'espace, à volonté, suivant les besoins de la saison, ce qui favorise mieux le développement de la colonie et la production du miel.

4° Grâce à l'extracteur, nous obtenons un miel plus pur, exempt de tout mélange de cire et de pollen, etc.

Mais le panier que vous cultivez n'offre aucun de ces

avantages. Il est trop petit. Sa capacité ne dépasse pas 50 litres, tandis que notre ruche mesure environ 90 litres, et on peut la porter à 180.

Aussi, tandis que vos paniers comptent à peine 40,000 ouvrières, nos ruches à cadres n'en comptent pas moins de 80,000, quelquefois 100,000. Ce qui est facile à apprécier, quand on sait que 10,000 abeilles pèsent un kilog.

Votre panier ne fournit pas assez de place à la mère pour y développer sa ponte. D'autre part, il n'y a pas assez de cellules libres pour la récolte des ouvrières. Il en résulte de l'inaction au moment de la grande miellée, et de la part de la mère et de la part des ouvrières, au total, c'est une perte pure et simple pour le propriétaire.

Le panier ne permet pas la récolte facile du miel. L'abeille, en effet, a pour habitude d'emmagasiner ses provisions au-dessus du couvain, tout à fait au sommet des rayons. Le miel est donc au fond du panier, en haut et vous ne pouvez l'y aller prendre, à moins de détruire votre ruche. Aussi vous vous contentez de ce que vous trouvez en bas du panier, et quand vous obtenez une moyenne de cinq livres, vous trouvez que la récolte est bonne. C'est vraiment très aimable d'être satisfait d'aussi peu !

Avec le panier, vous ne pourrez empêcher la production des mâles. — Or, avec ces milliers de bouches inutiles dans une ruche si petite, quelle récolte pouvez-vous espérer, chaque mâle consommant peut-être trois fois autant de nourriture que l'ouvrière.

Mais, puisque vous voulez demeurer routinier et continuer à cultiver le panier vulgaire, nous allons vous indiquer la méthode qui vous donnera les meilleurs résultats.

D'abord, ne conservez jamais de colonies faibles. Un bon essaim pèse de deux à trois kilos ; c'est-à-dire qu'il est composé de 20 ou 30,000 abeilles. Si, à l'époque de l'essaimage, vous recueillez un essaim faible, gardez-vous bien de le mettre en panier pour le laisser à lui-même.

Dès le jour même, le soir venu, réunissez-le à un autre.

30. — *Comment on réunit deux essaims ensemble.* — Portez l'essaim trop faible auprès du panier auquel vous voulez le réunir, puis frappez-le brusquement contre terre de façon à faire tomber toutes les abeilles (comme page 8,) et placez vite dessus l'autre panier. Laissez-les ainsi jusqu'au lendemain, et de bon matin, vous le mettrez en place. Pendant la nuit, les deux essaims se mélangent, l'une des deux mères est mise à mort et la réunion est faite. Il est très difficile, il est presque impossible de réussir cette opération en plein jour.

31. — *Comment on doit faire la récolte dans les paniers.* — C'est une désastreuse habitude d'enlever impitoyablement tous les rayons du bas du panier sous prétexte de faire la récolte. Vous agissez, en effet, comme celui qui tue la poule pour avoir les œufs. Prenez les rayons qui sont sur le côté, c'est justice, puisqu'ils contiennent du miel ; mais ne touchez pas à ceux du milieu qui ne contiennent que du couvain, c'est-à-dire des abeilles en formation. Nous n'exagérons

pas en affirmant que vous détruisez par ce procédé de 5 à 10,000 abeilles : or, ces jeunes abeilles, c'était l'espoir de l'avenir, car ce sont les jeunes qui passent le mieux l'hiver et qui, au printemps, tiendraient la place des vieilles qui seront mortes. Votre ruche ne prospèrera pas au printemps et cela par votre faute.

Vous dépeuplez votre panier contre toute raison et aussi sans profit.

Qu'en résulte-t-il ? A l'époque où vous faites ce carnage barbare (fin d'août) vos abeilles ne peuvent plus construire et ne peuvent remplacer les rayons enlevés. Il n'y aura peut-être pas, pour le moment, d'autre dommage que celui d'avoir épuisé la colonie, parce que la mère ne pond déjà presque plus : mais il faut savoir que cette ponte recommence en février, quelquefois en janvier, et qu'elle augmente ensuite au fur et à mesure qu'on approche du printemps. La reine, privée de cellules, puisque vous les avez enlevées, est forcée de restreindre sa ponte et, tandis que dans un panier où l'on a laissé les rayons du milieu, l'abeille-mère pond 1,000 à 1,500 œufs par jour, chez vous elle en pondra à peine la moitié. Le panier se repeuplera lentement ; aussi, quand arrivera la grande miellée, vos ouvrières s'occuperont à construire de nouveaux rayons au lieu d'aller aux champs faire une cueillette qui vous donnerait un tout autre bénéfice que celui que vous avez retiré de la vente de ces quatre mauvais gâteaux.

Il ne faut donc pas enlever les rayons du milieu, mais les laisser intacts à moins qu'il n'y ait des cellules de mâles, que vous devez toujours retrancher sans hésiter ; et, l'année suivante, vous obtiendrez de bonne heure de magnifiques essaims qui seront pour vous une vraie fortune.

32. — *Quand il faut prendre le miel.* — Il faut tailler aussitôt après la floraison du premier sainfoin, c'est-à-dire vers le 20 juin, si vous voulez avoir un miel blanc de premier choix. En agissant ainsi, si le beau temps persévère, vos abeilles pourront reconstruire les rayons enlevés et, en septembre, peut-être trouverez-vous une seconde récolte.

33. — *De l'endroit où il faut se mettre pour tailler.* — Ne vous placez jamais au milieu du rucher pour faire votre récolte, parce que l'odeur du miel que vous enlevez attire les abeilles des ruches voisines qui se précipitent sur vous et sur les rayons.

D'autre part, toutes les butineuses qui arrivent des champs, viennent aussi vous assaillir et quelquefois, malgré votre tunique de grosse étoffe, vous ressentez les effets de leur colère.

Emportez donc le panier que vous voulez tailler à 20 mètres des ruches et à l'ombre, en ayant soin de mettre à sa place un panier vide couvert de la robe.

A cette distance vous ne serez pas gêné par les abeilles et vous ne les gênerez pas non plus.

34. — *Comment on arrête le pillage.* — Si par votre faute ou pour toute autre cause une ruche est pillée, — ce que vous pouvez voir à la bataille qu'elles se livrent devant le panier, — il faut y porter un prompt secours ; demain il ne serait plus temps.

Prenez le panier pillé et portez-le à quelques mètres plus loin : cinq minutes plus tard faites de même, puis une fois encore, et enfin portez-le à la cave ou dans une chambre noire, pendant une demi-heure. Après quoi vous le rapporterez à sa place en ayant soin de fermer tous les passages autour excepté un espace suffisant pour laisser entrer une ou deux abeilles.

Quelquefois vos meilleures ruches sont détruites après la récolte parce que vous ne savez pas les défendre.

35. — *Comment on nourrit les abeilles dans les paniers.* — Quand les abeilles dans les paniers manquent de vivres, il faut leur en donner au plus tôt.

Mettez du sirop de sucre tiède, comme nous avons dit page 11, dans une assiette, — répandez dessus une couche de brins de paille mincée pour que les abeilles ne s'engluent pas — et glissez l'assiette sous le panier. Vous ne nourrirez pas en plein jour, mais le *soir* et *jamais en dehors du panier.*

Si vos abeilles sont trop faibles pour descendre chercher le sirop que vous leur offrez, culbutez votre panier la tête en bas et répandez de l'eau sucrée sur elles entre les rayons. — Vous pouvez répéter cela autant de fois que vous voudrez, même pendant le jour.

Nous voudrions, par ces quelques lignes avoir été utile aux gens de la campagne, mais en leur enseignant à profiter des richesses que Dieu met à leur portée, nous nous permettrons de leur dire qu'il faut regarder plus haut que cette terre.

En cultivant les abeilles, l'apiculteur aura l'occasion d'admirer à chaque instant leur instinct merveilleux, — on dirait presque leur intelligence. — Mais l'abeille n'est que l'ouvrage de Dieu son créateur et le nôtre. Jouissons des trésors que la Providence met à notre disposition, mais ne soyons pas ingrats et sachons toujours reconnaître le bienfait. Trop souvent nous admirons l'ouvrage sans penser à bénir le divin ouvrier qui a fait le monde et toutes ses merveilles.

BOURGES. — IMP. TARDY-PIGELET

www.ingramcontent.com/pod-product-compliance
Ingram Content Group UK Ltd.
Pitfield, Milton Keynes, MK11 3LW, UK
UKHW022003260726
13994UKWH00004B/1921